허셜이 들려주는 은하 이야기

허셜이 들려주는 은하 이야기

ⓒ 정완상, 2010

초 판 1쇄 발행일 | 2005년 9월 30일
개정판 1쇄 발행일 | 2010년 9월 1일
개정판 10쇄 발행일 | 2021년 5월 31일

지은이 | 정완상
펴낸이 | 정은영
펴낸곳 | (주)자음과모음

출판등록 | 2001년 11월 28일 제2001-000259호
주   소 | 04047 서울시 마포구 양화로6길 49
전   화 | 편집부 (02)324-2347, 경영지원부 (02)325-6047
팩   스 | 편집부 (02)324-2348, 경영지원부 (02)2648-1311
e-mail | jamoteen@jamobook.com

ISBN 978-89-544-2058-7 (44400)

허셜이 들려주는
은하 이야기

| 정완상 지음 |

㈜자음과모음

허셜을 꿈꾸는 청소년을 위한 '은하' 이야기

　허셜은 은하에 대해 연구한 과학자로, 은하를 이루는 많은 별들을 관찰하여 그 모습을 최초로 그린 사람으로 유명합니다. 이 책은 허셜이 학생들에게 은하에 대한 이론을 강의한 내용으로 채워져 있습니다. 따라서 천문학자를 꿈꾸는 학생들이 읽으면 많은 도움이 될 것입니다.

　이 책은 우주를 이루는 것들부터 여러 가지 종류의 망원경, 우리 은하 및 외부 은하 등에 대해 구성하였습니다. 또한 책의 마지막 부분에는 우주 속에 은하들이 어떻게 위치하고 있는가에 대해 짚어 보는 부분을 삽입하여, 학생들은 마치 자신들이 우주 여행을 하는 것처럼 느낄 수 있도록 하였습니다.

나아가 이 책은 허셜이 학생들에게 쉽고 재미나게 강의를 진행하는 형식으로 구성했습니다. 위대한 과학자들이 학생들에게 일상 속 실험을 통해 그들의 위대한 과학 이론을 하나하나 설명해 가는 방식으로 서술했지요.

　　부록 〈엄마 찾아 3만 광년〉은 '엄마 찾아 3만 리'를 패러디한 SF 동화입니다. 엄마를 찾아 혼자 은하의 중심으로 여행을 떠나는 마르코의 여정 속에서 앞서 배운 내용을 총정리할 수 있을 것입니다.

　　이 책의 원고를 교정해 주고, 부록 동화에 대해 함께 토론하며 좋은 책이 될 수 있도록 도와준 편집부 직원에게 고맙다는 말을 전하고 싶습니다. 마지막으로 이 책이 나올 수 있도록 물심양면으로 도와준 (주)자음과모음의 강병철 사장님과 직원 여러분에게 감사를 드립니다.

정 완 상

차례

우주를 이루는 것들

우주는 무엇으로 이루어져 있을까요?
우주를 구성하는 것들에 대해 알아봅시다.

1

첫 번째 수업

우주를 이루는 것들

허셜은 높은 산 위에 있는
천문대로 학생들을 데리고 가서
첫 번째 수업을 시작했다.

허셜은 망원경으로 학생들에게 안드로메다은하와 다른 은하들을 보여 주었다.

오늘은 우주를 이루고 있는 것들에 대해 알아보겠습니다.

아주 오래전부터 사람들은 눈으로만 밤하늘을 관측해 왔습니다. 그 당시에도 밤하늘의 주인공은 단연 별이었지요. 천문학자들은 별들이 만들어 내는 다양한 모습에 따라 각기 다른 이름을 붙였는데, 그것이 바로 별자리입니다.

우주에 스스로 빛을 내는 별들만 있는 것은 아닙니다. 별

주위를 도는 행성도 있고, 행성 주위를 도는 위성도 있고, 우주 공간을 떠돌아다니는 소행성들도 있습니다. 하지만 이들은 별빛을 반사할 뿐, 스스로 빛을 내지는 못합니다.

은하

그렇다면 우주에는 별들이 골고루 분포되어 있을까요?

그렇지 않습니다. 별이 많이 모여 있는 곳이 있는가 하면, 또 어떤 곳에는 별이 하나도 없습니다. 한편, 수많은 별들이 모여 있어 마치 별들의 섬처럼 보이는 곳을 은하라고 합니다.

우리 은하

　은하는 아주 크기 때문에 은하의 크기를 나타내기 위해서
는 긴 거리를 나타내는 단위가 필요합니다. 주로 사용하는
단위는 광년인데, 1광년은 빛의 속력으로 1년 동안 간 거리
를 말하지요.

　그런데 빛은 1초에 지구를 7바퀴 반이나 돌 수 있답니다.
약 30만 km를 달리는 것이지요.

　이제 1광년이 어느 정도의 거리인지를 알아보겠습니다.

　1년은 며칠이죠?

　__365일입니다.

　하루는 몇 시간이죠?

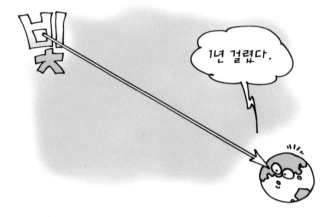

__24시간입니다.

1시간은 몇 초지요?

__3,600초입니다.

그러므로 1년을 초로 바꾸면 다음과 같이 됩니다.

1년 = 365 × 24 × 3,600 = 31,536,000초

1광년은 빛이 1년 동안 간 거리이므로 이것은 빛의 속력에 1년을 초로 바꾼 값을 곱하여 얻어집니다. 즉, 다음과 같지요.

1광년 = 300,000 × 31,536,000

＝ 9,460,800,000,000km

1광년은 엄청난 거리군요. 광년으로 나타내면, 태양에서 우리 은하 중심까지의 거리는 3만 광년이고, 우리 은하의 지름은 10만 광년입니다.

여러 개의 은하가 하나의 집단을 이루는 경우도 있는데, 이를 은하단이라고 부릅니다. 또한 은하단이 여러 개 모여서 하나의 집단을 이룬 것을 초은하단이라고 부릅니다.

성간 물질

우주를 이루는 물질 중 가장 많은 원소는 수소입니다. 우주의 원소 중 $\frac{3}{4}$ 은 수소 기체이고, $\frac{1}{4}$ 은 헬륨 기체이며, 다른 원소들은 아주 적습니다.

우주가 처음 태어나던 당시에는 헬륨도 거의 없고 온통 수소뿐이었지요. 하지만 우주가 지금까지 150억 년을 살아오면서 수소 중 일부가 헬륨으로 바뀌었고 그러한 과정은 지금도 계속 진행되고 있답니다.

우주의 별과 별 사이에는 아무런 물질도 없는 것처럼 보이지만 사실 수소나 헬륨 같은 기체와 아주 작은 고체 입자들이 있습니다.

성간 물질

수소나 헬륨 같은 기체의 밀도는 1cm³에 원자 1개가 들어 있는 정도로 매우 낮은 편이지요. 이렇게 별과 별 사이에 있는 기체 상태의 물질을 성간 가스라고 합니다. 또한 별과 별 사이에 있는 아주 작은 고체 입자를 우주 먼지라고 부르는데, 1970년 미국의 전파 망원경에 의해 처음 발견되었습니다.

우주 먼지를 구성하는 물질로는 물 · 철 · 규소의 산화물, 그리고 메탄 · 암모니아 같은 유기 화합물이 있으며, 그 크기는 $\frac{1}{100,000}$ cm 정도이지요. 우주 먼지의 밀도는 큰 방에 이러한 물질이 1개가 있는 정도로 매우 낮습니다.

이렇게 우주 공간에서 별과 별 사이에 존재하는 성간 가스와 우주 먼지를 합쳐 성간 물질이라고 부릅니다.

와, 저게 천체 망원경인가 봐! 정말 크다.

진짜! 저렇게 큰 망원경으로 보면 우주에 뭐가 있는지 다 보이겠는데.

우주에 뭐가 있다고 그러니? 텅텅 비어서 아무것도 없잖아.

그렇지 않아요. 우주엔 무수히 많은 별들이 있고, 별과 별 사이에는 성간 물질인 수소나 헬륨 같은 기체와 아주 작은 고체 입자들이 있답니다.

성간 물질

와~, 허셜 선생님이다!

우주에는 별들이 많이 모여 있는 곳이 있고 또 그렇지 않은 곳이 있죠. 이렇게 수 많은 별들이 모여 있어 마치 별들의 섬처럼 보이는 곳을 은하라고 하죠.

그리고 이런 은하가 하나의 집단을 이루는 것을 은하단이라 하고, 은하단들이 여러 개 모여서 하나의 집단을 이룬 것을 초은하단이라고 부릅니다.

은하의 집단

은하단

은하단들이 모인 집단

초은하단

허셜 선생님, 그럼 아까 말씀하신 성간 물질이라는 것은 뭐죠?

별과 별 사이에 있는 기체를 성간 가스라 하고, 아주 작은 고체 입자를 우주 먼지라고 하죠.

성간 가스

수소 $\frac{3}{4}$
헬륨 $\frac{1}{4}$

← 우주 먼지

이렇게 우주 공간에서 별과 별 사이에 존재하는 성간 가스와 우주 먼지를 합쳐 성간 물질이라고 부르죠.

우주에 아무것도 없는 것이 아니었군요.

망원경 이야기

망원경으로 더 멀리, 더 선명하게 볼 수 있습니다.
천체를 관측하는 망원경에는 어떤 것이 있을까요?

두 번째 수업

망원경 이야기

허셜은 학생들에게
천체 망원경을 보여 주며
두 번째 수업을 시작했다.

　망원경은 천체 관측에서 가장 중요합니다. 망원경을 사용
하면 눈으로는 잘 보이지 않던 희미한 별도 볼 수 있어, 훨씬
더 많은 별들을 관찰할 수 있기 때문이지요.

　17세기 이전까지 천문학자들은 눈으로 천체를 관측했어
요. 아직 망원경이 발명되기 전이었기 때문이지요. 최초로
망원경을 이용하여 천체를 관찰한 과학자는 갈릴레이
(Galileo Galilei, 1564~1642)였습니다. 그는 은하수가 수많은
별들로 이루어져 있다는 것을 알아냈어요.

굴절 망원경

갈릴레이가 처음 사용한 망원경은 굴절 망원경입니다. 굴절이란 빛이 렌즈를 통해 꺾이는 현상이지요. 굴절 망원경에 쓰이는 렌즈는 볼록 렌즈로, 빛을 모으는 역할을 하지요.

허셜은 볼록 렌즈로 빛을 모아 검은 종이를 태웠다.

검은 종이에 불이 붙어 타지요? 이것은 볼록 렌즈가 빛을 한 점으로 모으기 때문입니다. 이 성질을 이용한 것이 바로

굴절 망원경입니다.

굴절 망원경은 렌즈가 클수록 더 많은 빛을 모을 수 있기 때문에 더 멀리, 더 크게 볼 수 있습니다. 세계에서 제일 큰 굴절 망원경은 미국 여키스 천문대에 있는 것으로, 지름이 1m나 되는 렌즈를 사용하고 있지요.

하지만 굴절 망원경은 볼록 렌즈의 가장 얇고 약한 부분을 고정시켜야 하기 때문에 설치가 어렵고, 또한 볼록 렌즈를 크게 만드는 것이 어려워 잘 쓰이지 않습니다.

반사 망원경

　굴절 망원경의 이러한 문제점을 보완한 것이 바로 거울을 이용한 반사 망원경입니다. 최초의 반사 망원경은 1668년 뉴턴(Isaac Newton, 1642~1727)이 만들었지요.

　반사 망원경은 볼록 렌즈 대신 오목 거울로 모은 빛을 평면 거울로 반사시켜 오목 거울로 빛을 모아 줍니다.

　오목 거울은 바닥에 놓을 수도 있고, 볼록 렌즈보다 더 크게 만들 수도 있어 굴절 망원경보다 더 멀리, 더 선명하게 천체를 관측할 수 있다는 장점이 있습니다.

　하지만 최근에는 하나의 거울을 크게 만들면 깨질 위험성이 있어 여러 개의 거울을 합쳐 큰 거울의 효과를 내는 방법을 이용합니다.

전파 망원경

　눈에 보이는 빛을 가시광선이라고 합니다. 가시광선은 빨강에서 보라까지의 7가지 색깔을 가지고 있지요. 하지만 모든 빛이 다 눈에 보이는 것은 아닙니다. 이렇게 눈에 보이지

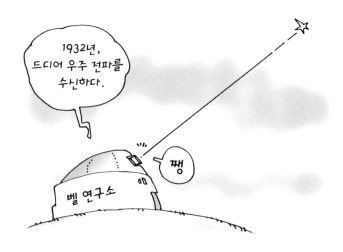

않는 빛을 우리는 전파라고 부릅니다.

1932년, 미국 벨 전화 연구소의 잰스키(Karl Jansky, 1905~
1950)는 무선 통신을 방해하는 공전 현상의 원인을 연구하다
가, 우주에서 오는 전파를 처음 탐지했습니다. 잰스키는 우연
히 궁수자리에서 오는 전파를 전파 안테나로 수신했습니다.

잰스키의 발견 이후 레버(Grote Reber, 1911~2002)가 1936
년 지름 9.1m의 접시를 가진 전파 망원경을 만들어 본격적
으로 우주에서 오는 전파를 수신하기 시작했습니다.

우주의 많은 별이나 은하는 전파를 방출합니다. 전파는 지
구의 대기를 뚫을 수 있고 구름도 뚫을 수 있을 뿐 아니라, 날
씨의 영향도 받지 않습니다. 그래서 지상에서도 망원경을 통
해 별이나 은하를 관찰할 수 있는 것입니다.

전파 망원경

일반적으로 전파 망원경은 전파를 모을 수 있는 거대한 오목 접시를 안테나로 사용합니다. 이 접시의 크기가 클수록 더 미세한 전파를 수신할 수 있습니다.

우주 망원경

지구의 대기를 통해서 오는 별빛은 퍼져 보입니다. 이것은 정확한 관측을 방해하지요. 그래서 과학자들은 대기권 밖의 천체를 관측할 수 있는 망원경을 실은 위성을 띄우게 되었는데, 이것을 우주 망원경이라고 합니다.

우주 망원경은 대기의 영향을 받지 않기 때문에 별이나 은하의 사진을 더 선명하게 촬영하여 지구에 보내 줍니다. 최초의 우주 망원경은 지름이 2.4m인 반사 망원경을 실은 허블 우주 망원경입니다.

그 후에도 수많은 우주 망원경들이 우주에 띄워져 우주에 대한 많은 것들을 관측하고 있습니다.

자, 망원경으로 관찰하기 전에 망원경에 대해 좀 알아볼까요? 최초로 망원경을 이용하여 천체를 관찰한 과학자는 갈릴레이였습니다. 그는 은하수가 수많은 별들로 이루어져 있다는 것을 알아냈지요.

그 당시 갈릴레이가 사용한 망원경은 볼록 렌즈를 이용한 굴절 망원경이었어요. 그런데 설치가 어렵고 볼록 렌즈를 크게 만드는 것이 어려웠죠.

그럼 다른 망원경이 나왔겠군요.

설치하는 게 왜 이리 어려워!

네. 굴절 망원경의 문제점을 보완하여 뉴턴이 거울을 이용한 반사 망원경을 만들게 되죠. 이 반사 망원경은 굴절 망원경보다 더 멀리, 더 선명하게 천체를 관측할 수 있었답니다.

흠 잘 보이는구나.

그 외에 다른 망원경도 있나요?

전파 망원경이 있습니다. 우리 눈에 보이는 빛을 가시광선이라고 하고, 눈에 보이지 않는 빛을 우리는 전파라고 부르죠. 바로 이 전파를 탐지하는 것이 전파 망원경인 것입니다.

가시 광선

전파

우주의 많은 별이나 은하는 전파를 방출합니다. 전파는 지구의 대기, 구름도 뚫을 수 있고 날씨의 영향도 받지 않습니다. 그래서 지상에서도 망원경을 통해 별이나 은하를 관찰할 수 있는 것입니다.

삐리릭

그리고 더 정확한 관측을 위해 망원경을 위성에 실어 띄우게 되었는데, 이것을 우주 망원경이라고 합니다. 우주 망원경은 별이나 은하의 사진을 더 선명하게 촬영하여 지구에 보내 주고 있답니다.

망원경도 종류가 다양하군요.

3

은하수 이야기

은하수는 수많은 별들로 이루어져 있습니다.
은하수에 대해 알아봅시다.

3

세 번째 수업

은하수 이야기

허셜이 은하수에 대해 알아보겠다며
세 번째 수업을 시작했다.

오늘은 별들이 모여 있는 섬이라고 할 수 있는 은하수에 대
해 알아보겠습니다. 그중에서도 우리가 살고 있는 은하의 은
하수에 대해 알아보죠.

어두운 밤하늘을 보면 하늘을 가로질러 한쪽 지평선에서
반대편 지평선으로 이어지는 희미한 흰색의 띠가 있습니다.
이것은 수십억 개의 별들이 만드는 우리 은하의 일부분인데,
마치 물이 흐르는 것처럼 보여 은하수라고 부릅니다.

은하수는 한여름 밤 백조자리 근처에서 잘 보이고, 북반구
보다는 남반구에서 더 잘 보입니다. 또한 은하수는 구름이

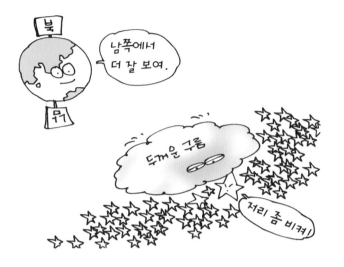

없을 때 더 잘 보이지요.

은하수를 자세히 들여다보면 별이 없는 어두운 틈을 발견할 수 있습니다. 이것은 별 앞에 성간 물질로 이루어진 두꺼운 구름이 있어 별을 가리기 때문이죠. 이 부분의 별을 보기 위해서는 적외선 망원경을 이용하면 됩니다.

적외선 망원경은 적외선 영역의 빛을 관측하는 데 쓰이며, 이를 이용하면 어두운 부분의 뒤쪽에 있는 별들이 구름을 뜨겁게 한 정도를 알 수 있어 뒤쪽 별에 대한 정보를 얻을 수 있습니다.

우리가 밤하늘에서 보는 별들은 모두 우리 은하 속의 별들입니다. 그것도 수천 광년 정도 떨어진 별들이지요.

옛날 사람들의 은하수

은하수는 영어로 밀키웨이(milky way)라고 부릅니다. 이것은 우유가 흘러가는 길이라는 뜻이지요. 그럼 옛날 사람들은 은하수를 어떻게 생각했을까요?

이집트 인들은 은하수를 이시스 신이 밀을 뿌려 만들었다고 생각했고, 잉카 인들은 별의 먼지로, 에스키모 인들은 흰 눈이 만든 먼지로, 아랍 인들은 하늘에 흐르는 강으로, 폴리네시아 인들은 구름을 먹는 상어로 생각했습니다.

망원경으로 은하수를 최초로 관측한 사람은 갈릴레이입니

다. 갈릴레이는 은하수가 아주 많은 별들로 이루어져 있다는 것을 처음으로 알아냈지요.

은하수에 관한 신화

은하수에 대한 그리스 신화를 알아보죠. 물론 신화이기 때문에 과학적으로는 아무 의미가 없다는 것을 명심하세요.

제우스와 그의 연인 알크메네 사이에서 헤라클레스라는 남자 아이가 태어났습니다. 헤라클레스는 신인 아버지와 인간인 어머니의 자식이라 언젠가는 죽을 수밖에 없는 운명이었

지요. 이것을 고민한 제우스는 헤라클레스에게 아내 헤라의
젖을 먹게 했습니다.

그러나 제우스의 바람기에 화가 난 헤라는 헤라클레스를
멀리 밀쳐 냈는데, 그 순간 헤라로부터 뿜어져 나온 젖이 삽
시간에 하늘을 뒤덮었고 이것이 바로 은하수가 되었다고 합
니다.

와~, 저 은하수 좀 봐요! 정말 예뻐요.

은하수는 한여름 밤 백조자리 근처에서 잘 보이고, 북반구보다는 남반구에서 더 잘 보입니다. 또한 은하수는 구름이 없을 때 더 잘 보이지요.

그리고 자세히 들여다보면 별이 없는 어두운 틈이 있는데, 이것은 그 사이에 별이 없는 것이 아니라 별 앞에 성간 물질로 이루어진 두꺼운 구름이 있어 별을 가리기 때문에 그렇게 보이는 것이죠.

그럼 구름 뒤편의 별은 볼 수 없는 것인가요?

별이 안 보여...

두꺼운 구름

아니요. 적외선 망원경을 이용하면 뒤쪽에 있는 별들이 구름을 뜨겁게 한 정도를 알 수 있어 별에 대한 정보를 얻을 수 있습니다.

아~, 그렇군요.

우리가 밤하늘에서 보는 별들은 모두 우리 은하 속의 별들입니다. 그것도 수천 광년 정도 떨어진 별들이지요.

수천 광년이나 멀다고.

옛날 사람들은 은하수에 대해 여러 가지 생각을 했는데, 이집트인들은 이시스 신이 밀을 뿌려서, 잉카인들은 별의 먼지로, 폴리네시아인들은 구름을 먹는 상어로 생각했습니다.

하하하, 구름 먹는 상어요? 재미있는 생각이네요.

그렇지요? 옛날 사람들은 갈릴레이가 망원경으로 은하수를 최초로 관측하여 아주 많은 별들로 이루어져 있다는 것을 밝혀내기 전까진 그 사실을 몰랐답니다.

4

우리 은하의 모습

우리 은하는 어떻게 생겼을까요?
우리 은하의 모습에 대해 알아봅시다.

4

네 번째 수업

우리 은하의 모습

허셜이 우리 은하를 처음 연구했다는
자부심에 뿌듯해 하며
네 번째 수업을 시작했다.

우리 은하를 처음 연구한 과학자는 바로 나, 허셜입니다.

나는 모든 방향에서 보았을 때 별의 개수가 같고 위로는 별들이 별로 없으므로, 은하는 원반 모양이며 은하의 중심은 태양이라고 생각했습니다. 물론 내가 생각한 것처럼 태양이 은하의 중심에 있는 것은 아닙니다.

내가 우리 은하의 모습이 원반처럼 생겼다는 사실을 어떻게 알아냈는지 간단한 실험을 통해 알아봅시다.

허셜은 학생들에게 자신을 중심으로 같은 거리만큼 떨어져 동그랗

게 서 있게 했다.

지금 내가 서 있는 곳이 내가 생각한 태양계의 위치입니다.
그러니까 내가 보고 있는 여러분이 우리 은하의 별들이지요.

여러분들은 나로부터 같은 거리만큼 떨어져 있지요? 내 위
로 사람이 있나요?

＿ 없습니다.

그래서 태양을 중심으로 하는 원반 모양의 주변에 별들이
퍼져 있다고 생각한 거지요.

우리 은하의 모습

이제 우리 은하의 실제 모습에 대해 알아봅시다.

우리 은하는 수조 개의 별들로 이루어져 있습니다. 이것이 얼마나 많은 양인가를 다음과 같이 비유해 보겠습니다.

한 변의 길이가 10m인 정육면체 상자를 준비합니다. 이 상자에 모래를 가득 채웠을 때 모래알의 개수가 수조 개 정도입니다.

우리 은하를 옆에서 보면 중앙이 불룩 튀어나온 거대한 원반 형태의 모양을 하고 있습니다. 우리 은하의 지름은 10만 광년입니다. 그리고 두께는 은하의 중심 쪽은 1.5만 광년 정도로 두껍고, 태양이 있는 쪽은 3,000광년 정도로 얇습니다.

은하의 중심에서 태양까지의 거리는 3만 광년입니다. 그러

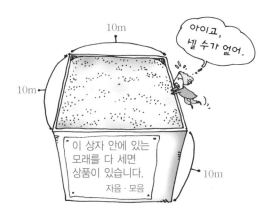

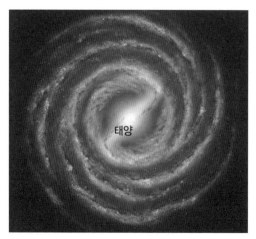

태양

우리 은하 나선 팔

니까 태양은 우리 은하에서 꽤 변두리에 있는 별이지요.

우리 은하를 위에서 보면 어떨까요? 우리 은하는 4개의 나선팔을 가지고 소용돌이치는 모습을 하고 있습니다. 우리 은하 한가운데에는 오래된 적색 거성들이 많아 붉게 보이고, 나선 팔에는 젊은 별과 늙은 별들이 섞여 있습니다. 태양은 한쪽 나선 팔 중간쯤에 있지요.

은하의 회전

행성들이 태양 주위를 돌듯, 은하도 은하의 중심을 따라 돕니다. 회전 속도는 은하의 중심 쪽은 빠르고 나선 팔 쪽은 느립니다.

우리 은하는 약 2억 년에 한 바퀴를 돌지요. 태양의 나이가 50억 살이므로 우리 태양계는 이미 은하를 25번 정도 회전한 셈입니다.

그렇다면 어떻게 은하의 별들이 흩어지지 않고 은하의 중심 주위로 회전을 할 수 있을까요? 그것은 은하의 중심에 거대한 중력을 가진 물체가 있어 만유인력으로 나선 팔의 별들을 도망가지 못하게 붙잡기 때문입니다.

이 거대한 중력을 가진 천체는 바로 블랙홀입니다. 우리 은하의 중심에 있는 블랙홀은 질량이 태양의 100만 배 정도입니다.

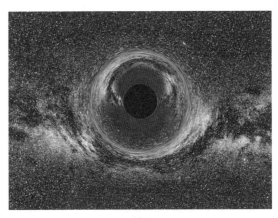

블랙홀

선생님, 우리 지구가 속해 있는 은하는 어떤 모습인가요? 우주 멀리 나가서 보기 전에는 알 수가 없잖아요.

그렇지만은 않아요. 여러 가지 관측과 실험으로 그 모습을 예측할 수 있지요.

우리 은하는 수조 개의 별들로 이루어져 있습니다. 이것이 얼마나 많은 양인가 하면 한 변이 10m인 정육면체 상자를 가득 채울 수 있는 모래알의 개수라고 생각하면 됩니다.

우아, 그렇게 많아요? 셀 수도 없을 정도로 많네요.

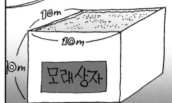

우리 은하를 옆에서 보면 중앙이 불룩 튀어나온 거대한 원반 형태의 모양을 하고 있습니다. 지름은 10만 광년이나 되고, 두께는 은하의 중심 쪽이 1만 5,000광년 정도, 태양이 있는 쪽은 3,000광년 정도로 얇죠.

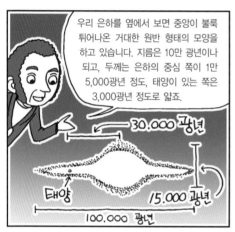

또 위에서 보면 네 개의 나선 팔이 소용돌이치는 모습을 하고 있습니다. 태양은 한쪽 나선 팔 중간쯤에 있지요.

선생님의 설명을 들으니 상상이 되네요.

그리고 행성들이 태양 주위를 돌듯, 은하도 은하의 중심을 두고 돌고 있답니다. 회전 속도는 은하의 중심 쪽은 빠르고 팔 쪽은 느려서 나선 모양을 하게 되는 것이지요.

그래서 나선 팔이라고 하는 것이었군요.

그렇다면 어떻게 은하의 별들이 흩어지지 않고 은하의 중심 주위로 회전을 할 수 있나요?

그것은 은하의 중심에 거대한 중력을 가진 물체, 즉 블랙홀이 있어 만유인력으로 나선 팔의 별들을 도망가지 못하게 붙잡기 때문입니다.

우리 은하의 다른 천체

우리 은하는 별들로만 이루어진 것이 아닙니다.
우리 은하를 이루는 다른 천체들에 대해 알아봅시다.

5

다섯 번째 수업

우리 은하의 다른 천체

허셜이 지난 시간에
배운 내용을 복습하며
다섯 번째 수업을 시작했다.

은하 속의 별들은 어떤 모습을 하고 있을까요, 뿔뿔이 흩어
져 있을까요, 곳곳에 뭉쳐서 모여 있을까요?

은하 속에 별들이 모여 있는 집단을 성단이라고 부릅니다.
성단에는 구상 성단과 산개 성단이 있습니다.

구상 성단에는 별들이 동그랗게 공처럼 모여 있지요. 그리
고 구상 성단의 별들은 주로 늙은 별들입니다.

반대로 별들이 흩어져 있는 성단을 산개 성단이라고 부릅
니다.

산개 성단 중에서 가장 유명한 것은 황소자리에 있는 플레

구상 성단

산개 성단

이아데스성단입니다. 맨눈으로는 6개의 별만 보이지만 이 성단에는 300개 이상의 별이 있습니다. 이 성단은 지구에서 약 410광년 떨어져 있고, 나이가 태양 나이의 $\frac{1}{50}$ 정도밖에 되지 않아 젊고 뜨거운 청백색의 별들이 많지요.

우리 은하 속에는 구상 성단이 120여 개 정도 있고, 그중 $\frac{1}{3}$ 이 궁수자리 쪽에 있습니다. 이들 구상 성단들은 우리 은하 원반의 위쪽에 있기 때문에 은하의 중심으로부터 먼 곳에서도 볼 수 있지요.

성운

은하 속에 있는 또 다른 물질은 바로 성운입니다. 성운은 거대한 먼지구름입니다. 별이 만들어지는 곳이라 하여 별들의 요람이라고도 하지요. 성운 속의 성간 물질들이 한곳에 모이면 별이 만들어지니까요. 지구로부터 6,500만 광년 떨어져 있는 황소자리의 게성운에서는 지금도 수많은 별들이 태어나고 있습니다.

성운에도 여러 종류가 있습니다.

암흑 성운은 어둡게 보이는데, 그건 바로 성간 물질이 뒤쪽

암흑 성운 – 말머리 성운

반사 성운

발광 성운

에서 오는 별빛을 가로막기 때문입니다. 암흑 성운은 흡수 성운이라고도 하는데, 말머리 성운이 대표적인 암흑 성운입니다.

　반사 성운은 주위의 별빛을 반사시켜 밝게 빛납니다. 반사 성운은 주로 푸른빛을 띠지요.

　한편, 발광 성운은 별빛을 흡수하여 자신의 고유한 색깔의 빛을 냅니다. 마젤란 은하에는 거대한 연분홍빛 발광 성운이 있습니다. 그리고 행성상 성운은 성간 물질들이 둥그렇게 분포하고 있어 멀리서 보면 마치 행성처럼 보입니다.

지금 보고 있는 것이 우리 은하의 모습입니다.

선생님, 그럼 우리 은하 내부의 별들은 어떤 모습을 하고 있나요?

우리 은하 속에 별들이 모여 있는 집단을 성단이라고 부릅니다. 이 중 별들이 동그랗게 공처럼 모여 있는 것을 구상 성단이라고 해요.

아~, 공처럼 뭉쳐 있어 구상 성단이군요.

나처럼? 구상성단 뭉쳐라 뭉쳐...

구상 성단에는 주로 늙은 별들이 모여 있어요. 반면, 산개 성단은 별들이 흩어져 있으며 젊고 뜨거운 청백색의 별들이 많지요.

저 곳은 젊은 별들만 모이는 데인가?

우리 은하 속에는 구상 성단이 120여 개 정도 있고, 그중 3분의 1이 궁수자리 쪽에 있어요. 우리 은하의 위쪽에 있기 때문에 은하 중심으로부터 먼 곳에서도 볼 수 있지요.

그럼 은하는 성단들만으로 이루어진 것인가요?

거대한 먼지구름으로 별들의 요람이라고도 하는 성운도 있지요. 성운 속의 성간 물질들이 한곳에 모이면 별이 만들어지니까요.

그럼 성운에도 종류가 있나요?

성간 물질이 별빛을 가로막아 어둡게 보이는 암흑 성운, 주위의 별빛을 반사시켜 밝게 빛나는 반사 성운, 그리고 별빛을 흡수하여 고유한 색깔의 빛을 내는 발광 성운이 있죠.

성운은 그 빛에 따라 종류가 정해지는 것이군요.

암흑 성운
반사 성운
발광 성운

은하의 종류

어떤 은하는 나선 모양이고, 어떤 은하는 공 모양입니다.
은하의 종류에 대해 알아봅시다.

6

여섯 번째 수업
은하의 종류

허셜이 은하의 종류를 알아보자며
여섯 번째 수업을 시작했다.

오늘은 다른 여러 은하들에 대해 알아보겠습니다. 모든 은하가 다 위에서 내려다볼 때 나선 모양을 하고 있는 것은 아닙니다. 은하의 모양에 따라 다음과 같이 세 종류로 나눌 수 있습니다.

- 나선 은하
- 타원 은하
- 불규칙 은하

나선 은하

먼저 우리 은하나 안드로메다은하 같은 나선 은하에 대해 알아보겠습니다. 나선 은하는 중심에 핵이 있고, 나선 팔이 붙어 있는 납작한 원반 모양입니다.

나선 은하 중에서 특히 가운데 별들이 긴 막대 모양으로 늘어서 있는 것을 막대 나선 은하라고 부릅니다. 이 은하에서 나선 팔은 중심에서 시작되지 않고 막대의 양 끝에서 시작됩니다.

나선 은하의 크기는 보통 지름이 2만~10만 광년 정도이고, 나선 은하의 중심에는 오래된 별들이 많고 나선 팔에는 젊은 별들이 많이 있습니다.

막대 나선 은하

나선 은하의 생성 과정

나선 은하는 어떻게 만들어질까요?

나선 은하는 바로 성간 물질들의 회전 속도의 차이 때문에 생겨납니다. 즉, 성간 물질들이 회전할 때 물질마다 다른 속도로 회전하기 때문에 나선 모양이 만들어지는 것이지요. 이것을 간단히 실험해 보겠습니다.

허셜은 컵에 담긴 뜨거운 커피를 막대로 빠르게 저었다.

이제 나선 팔을 만들어 보겠어요.

허셜은 커피가 회전하고 있는 동안 액체 크림을 떨어뜨렸다.

잠시 후 크림은 나선의 모양이 되었다.

나선 은하가 만들어졌지요? 크림을 성간 물질로 생각하면
됩니다. 안쪽의 크림은 빠르게 움직이고 바깥쪽의 크림은 천
천히 움직이므로 이런 나선 모양이 만들어집니다.

마찬가지로 나선 은하의 나선 팔은 성간 물질들이 은하의
중심에서는 빠르게 회전하고, 바깥쪽에서는 느리게 회전하
기 때문에 만들어지지요.

타원 은하

타원 은하는 이름 그대로 타원 모양으로 별이 퍼져 있는 은하입니다. 타원 은하는 나선 은하처럼 중심 주위를 회전하지 않습니다.

타원 은하의 별들은 거의 대부분이 늙은 별들입니다. 그래서 붉은색으로 빛나지요.

타원 은하

불규칙 은하

은하의 모양이 나선 모양이나 타원 모양이 아니라 불규칙적인 모양을 갖고 있는 은하를 불규칙 은하라고 합니다. 대표적인 예로는 소마젤란은하와 대마젤란은하를 들 수 있지요.

불규칙 은하

과학자의 비밀노트

소마젤란은하

소마젤란은하는 남반구에 위치하며, 우리 은하 주위를 도는 왜소 은하이다. 우리 은하와 함께 국부 은하단에 속하며, 대마젤란은하와 가까이 있다. 1억 개의 별이 있다. 약자로 SMC(Small Magellanic Cloud)라 부르기도 한다. 남천인 큰부리새자리에 있으며, 겉보기 밝기는 2.7등급으로 맨눈으로 볼 수 있다. 이 은하는 우리로부터 20만 광년 떨어져 있다. 일부 학자들은 소마젤란은하가 한때 막대 나선 은하였으나, 우리 은하의 조석력으로 다소 불규칙하게 되었다고 생각한다. 이 은하는 아직 중심에 막대 구조를 가지고 있다.

대마젤란은하

대마젤란은하는 우리 은하 주위를 도는 은하이다. 약자로 LMC(Large Magellanic Cloud)라 부르기도 한다. 남천인 황새치자리와 테이블산자리에 걸쳐 있으며, 겉보기 밝기는 0.9등급이다. 국부 은하단에 속해 있으며, 그중에 네 번째로 큰 은하이다.

대마젤란 은하는 우리로부터 50킬로파섹(~16만 광년) 떨어져 있다. 반지름은 35,000광년으로 우리 은하의 약 1/20이며, 별의 개수는 1,010개로 우리 은하의 1/10 정도이다. 다소 불규칙하게 생겼지만, 나선 구조의 흔적이 보인다. 따라서 대마젤란 은하가 한 때 막대 나선 은하였다가 우리 은하의 조석력에 의해 불규칙하게 변했다는 주장이 있다.

1987년에는 초신성이 이 은하에서 발견되었으며, SN1987A로 명명되었다.

여러분, 이제부터 내가 이 컵 속에 우리 은하를 만들어 보겠습니다. 모두 잘 봐 주세요.

와, 정말요? 마술인가요?

어서 보여 주세요.

어때요? 나선 은하가 만들어졌지요? 이때 크림을 성간 물질로 생각하면 됩니다. 안쪽 크림은 빠르게 움직이고, 바깥쪽의 크림은 천천히 움직여 이런 모양이 만들어지는 것이죠.

와~!

우리 은하나 안드로메다은하 같은 나선 은하는 중심에 핵이 있고, 나선 팔이 붙어 있는 원반 모양입니다. 나선 은하 중 특히 가운데 별들이 긴 막대 모양인 것을 막대 나선 은하라고 부르죠.

그럼 은하는 모두 나선 모양인가요?

그렇지 않아요. 모양에 따라 나선 은하, 타원 은하, 불규칙 은하의 3종류로 나눌 수 있습니다.

타원 은하요? 타원 모양이라서 그런가 봐요?

네. 타원 은하는 타원 모양이며 별이 퍼져 있는 은하로, 나선 은하처럼 중심 주위를 회전하지 않지요. 별들은 대부분이 늙은 별이어서 붉은색으로 빛난답니다.

에고 힘없어···.

그리고 불규칙 은하는 불규칙적인 모양을 갖고 있는 은하로, 소마젤란은하와 대마젤란은하가 대표적이지요.

마젤란은하는 모두 불규칙 은하군요.

외부 은하

우리 은하의 바깥에는 어떤 은하들이 있을까요?
외부 은하에 대해 알아봅시다.

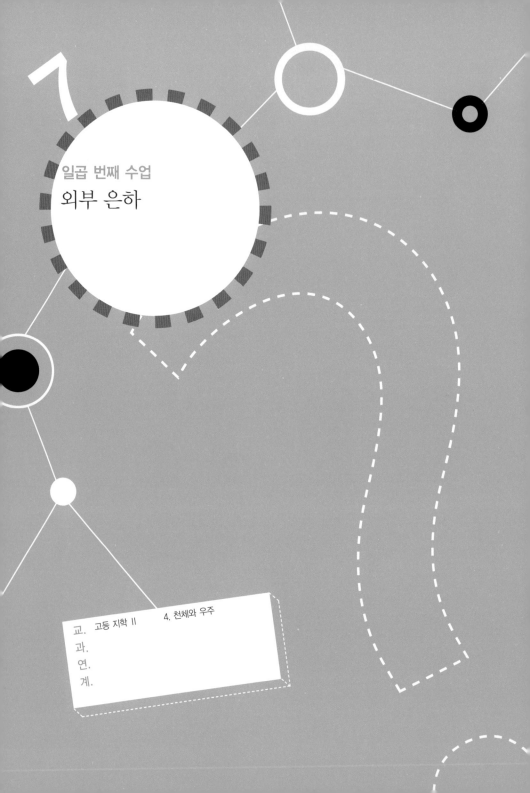

7

허셜이 외부 은하에 대하여
일곱 번째 수업을 시작했다.

우리 우주에는 수많은 은하들이 있습니다. 오늘은 우리 은하 밖에 있는 은하들에 대해 알아보겠습니다.

우리 은하에 딸린 은하는 2개가 있습니다. 대마젤란은하와 소마젤란은하가 바로 그것이지요. 이것은 처음에는 성운으로 생각되어지다가 나중에 우리 은하 바깥의 외부 은하라는 것이 확인되었습니다.

두 마젤란은하는 남반구에서만 볼 수 있어요. 대마젤란은하는 16만 5,000광년, 소마젤란은하는 20만 광년 떨어져 있지요.

대마젤란은하는 별들이 막대 모양으로 늘어서 있고 나선 팔은 없습니다. 이 은하는 별들이 200억 개 정도 있는 중간 크기의 은하입니다. 반면 소마젤란은하에는 10억 개 정도의 별이 있지요.

두 마젤란은하는 모양이 일정하지 않은 불규칙 은하인데, 우리 은하를 중심으로 공전하기 때문에 흔히 우리 은하의 동반 은하라고도 부릅니다.

이 두 은하가 우리 은하에서 가장 가까이 있는 은하는 아닙

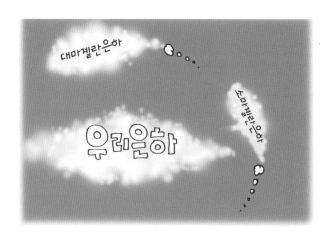

니다. 마젤란은하까지 거리의 $\frac{1}{3}$ 지점에 있는 왜소 은하는 우리 은하에서 가장 가까운 작은 은하입니다. 하지만 이 은하의 별과 성간 물질들은 우리 은하의 중력 때문에 우리 은하 쪽으로 끌려오는 과정에서 파괴되고 말았지요.

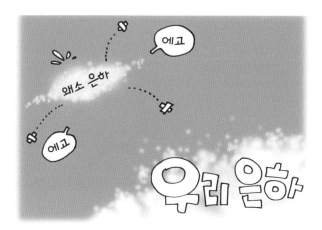

안드로메다은하

우리 은하 정도의 크기를 가지고 있으면서 가장 가까운 은하는 허블(Edwin Hubble, 1889~1953)이 처음 발견한 안드로메다은하입니다. 안드로메다은하는 우리 은하와 같은 나선 은하이지요.

안드로메다은하는 우리 은하에서 230만 광년 떨어진 거리에 있는데 망원경 없이 맨눈으로도 볼 수 있는 은하입니다.

안드로메다은하

국부 은하단

우주의 은하는 균일하게 퍼져 있지는 않고 무리를 지어 집단을 이루는데, 이것을 은하단이라고 부릅니다.

허셜은 학생들을 모두 데리고 운동장으로 갔다. 그리고 학생들에게 손을 잡고 빙글빙글 돌다가 셋을 외치면 3명씩 짝을 짓게 했다.

여러분 한 명 한 명을 은하라고 합시다. 내가 셋을 외쳤을 때 여러분들은 3명씩 무리를 지었지요? 이렇게 무리를 지어 있는 것이 바로 은하단입니다. 즉, 여러분의 은하단은 은하 3개로 이루어진 은하단이지요.

우리 은하도 다른 은하들과 무리를 지어 은하단을 이루고 있는데, 우리 은하가 속한 은하단을 국부 은하단이라고 부릅니다. 국부 은하단에는 우리 은하와 안드로메다은하, 그리고 삼각형자리 은하에 있는 M33 은하를 비롯해 25개가량의 은하가 있습니다.

왜 은하들이 은하단에 모여 있을까요? 그것은 보이지 않는 아주 큰 중력을 지닌 물질들이 국부 은하단 속에 있어 이들 은하들이 흩어지지 않도록 하기 때문입니다.

이렇게 눈에 보이지 않는 물질을 암흑 물질이라고 하는데, 국부 은하단 속에는 은하들의 질량의 10배가 넘는 암흑 물질이 있답니다.

처녀자리 은하단

국부 은하단 밖에는 어떤 은하단들이 있을까요? 우리 은하로부터 약 5,000만 광년 떨어진 처녀자리에 있는 처녀자리 은하단이 가장 가까운 은하단입니다. 이 은하단에는 나선 은

스테판 은하

하 5개가 엉겨 있는 스테판 5중 은하가 있습니다.

처녀자리 은하단은 국부 은하단보다 훨씬 크기 때문에 수
천 개의 은하로 이루어져 있습니다. 또한 이 은하단의 중심
에는 M84, M86, M87이라는 이름의 타원 은하가 3개 있습니
다. 이 중 가장 큰 것은 M87은하로, 은하 하나의 크기가 국부
은하단의 크기와 비슷합니다.

은하가 수천 개,

처녀자리 은하단

머리털자리 은하단

처녀자리 은하단보다 더 먼 은하단으로는 머리털자리 은하단을 들 수 있습니다. 이 은하단은 지구로부터 3억 5,000만 광년의 거리에 있습니다.

이 은하에는 1,000개 이상의 밝은 타원 은하들이 있고, 그 외에도 어두운 은하들이 많이 있을 것으로 생각되고 있습니다. 이 은하단은 지름이 1,000만 광년이고 중앙에 있는 2개의 거대한 타원 은하 주위를 바깥쪽의 은하들이 돌고 있습니다.

머리털자리 은하단과 같은 거대 은하단의 중심에는 나선 은하가 거의 없습니다. 이것은 나선 은하들이 서로 충돌하여 합쳐

지구에서 350,000,000광년 떨어져 있어요.

머리털자리 은하단

져 타원 은하를 만들기 때문이지요.

이러한 은하들의 충돌 과정에서 엄청난 열이 발생하므로 은하단의 중심의 온도는 1,000만~1억 °C까지 올라갑니다. 그러므로 에너지가 큰 빛인 X선을 방출하지요.

초은하단

은하단들은 또 다른 더 큰 집단에 속해 있습니다. 이렇게 은하단들로 이루어진 무리를 초은하단이라고 하며, 우리 은하가 속해 있는 초은하단의 이름은 국부 초은하단입니다.

국부 초은하단에는 국부 은하단, 처녀자리 은하단 등이 포함되어 있습니다. 이 초은하단 질량의 중심은 처녀자리 은하단에 있으므로 다른 은하단들은 처녀자리 은하단을 중심으로 돌고 있습니다.

과학자의 비밀노트

허블(Edwin Hubble,1889~1953)

미국의 천문학자이다. 1929년 은하들의 스펙트럼선에 나타나는 적색 이동(천체 따위의 광원이 내는 빛의 스펙트럼선이 파장이 긴 쪽으로 밀리게 되는 현상)을 시선 속도(천체가 관측자의 시선 방향에 평행하게 가까워지거나 멀어지는 속도)라고 해석하고, 후퇴 속도(우리 은하계에 대하여 외부 은하들이 멀어져 가는 속도)가 은하의 거리에 비례한다는 '허블의 법칙'을 발견하여 우주 팽창설에 대한 기초를 세웠다.

우리 은하 바깥에는 어떤 은하들이 있나요?

가장 가까운 은하는 허블이 처음 발견한 안드로메다은하예요.

안드로메다은하는 우리 은하 정도의 크기를 가지고 있으면서 우리 은하와 같은 나선 은하이지요.

안드로메다은하는 〈은하철도 999〉에서 철이가 엄마를 찾아 떠난 곳이잖아요.

하하, 그런가요? 우리 은하에서 230만 광년 떨어진 안드로메다은하는 망원경 없이 맨눈으로도 볼 수 있는 은하예요.

우아, 그렇군요.

그리고 우리 은하와 안드로메다은하, 삼각형자리은하에 있는 M33 은하를 비롯해 25개가량의 은하가 속해 있는 은하단을 국부 은하단이라고 부르지요.

왜 은하들이 은하단에 모여 있나요?

은하단 - 은하가 균일하게 퍼져 있지 않고 무리를 지어 집단을 이룬 것

은하들이 흩어지지 않도록 하는 보이지 않는 아주 큰 중력을 지닌 물질들이 국부 은하단 속에 있기 때문이에요.

혹시 암흑 물질 아닌가요?

무언가가 끌어당기고 있어.

맞아요. 국부 은하단 속에는 눈에 보이지 않는 암흑 물질이 은하들 질량의 10배가 넘게 있지요.

잘 알겠어요. 저는 나가서 맨눈으로 안드로메다은하를 찾아봐야겠어요.

8

활동 은하와 퀘이사

강력한 전파를 뿜어내는 은하를 활동 은하라 부릅니다.
활동 은하에 대해 알아봅시다.

허셜이
활동 은하에 대해 알아보자며
여덟 번째 수업을 시작했다.

오늘은 아주 강력한 전파를 뿜어내는 활동 은하에 대해 알아보겠습니다. 우주에 있는 어떤 은하들은 아주 큰 에너지를 뿜어내고 있습니다. 이런 은하를 활동 은하라고 부르지요.

일반 은하들이 눈에 보이는 별빛만을 뿜어내는 데 비해 활동 은하는 눈에 보이지 않는 빛인 전파나 X선, 감마선 등을 뿜어내면서 다른 은하들과는 비교도 안 될 정도로 밝은 빛을 내고 있습니다.

어떤 활동 은하는 태양광의 10억 배 이상의 빛을 내는 경우도 있지요. 활동 은하에서 에너지가 뿜어져 나오는 곳은 은하의 중심입니다.

전파 은하

전파 은하는 활동 은하의 하나로, 1951년에 영국의 라일 (Martin Ryle, 1918~1984) 등이 처음 발견했습니다. 그들은 우주에서 오는 전파를 수신하다가 백조자리의 한 은하에서 전파가 오고 있다는 것을 알아냈습니다. 이것이 최초로 발견된 전파 은하입니다.

이 전파 은하는 지구에서 10억 광년 떨어진 곳에 있습니다. 그러니까 안드로메다은하까지 거리의 500배 이상 되는

거리이지요. 이렇게 멀리 떨어진 은하임에도 불구하고 이 은하에서 오는 전파는 안드로메다은하에서 오는 전파보다 1,000만 배나 더 강했습니다. 그 이유는 이 은하의 중심에서 강력한 전파를 만들기 때문이지요.

M87은하

처녀자리 은하단의 중심에는 태양광 에너지의 10억 배가량의 에너지를 가진 X선을 뿜어내는 M87은하가 있습니다. 이 은하의 중심에서는 길이가 6,000광년 정도 되는 거대한 빛줄기가 뿜어져 나오는데, 이 빛은 태양 1,000만 개를 합친

정도의 밝기입니다.

M87은하의 활동 지역은 지름이 45광년밖에 안 되므로 그곳에 큰 에너지를 내는 천체가 있다고 볼 수 있습니다.

과학자들은 활동 은하의 중심에는 거대한 블랙홀이 있다고 믿고 있습니다. 이 블랙홀의 질량은 태양의 수천 배에서 수십억 배에 이르는 것으로 알려져 있습니다. 그러므로 M87은하에서 발생하는 거대한 빛줄기는 블랙홀 근처의 물질들이 빨려 들어가면서 나오는 빛으로 생각할 수 있습니다.

퀘이사

1960년대 초반에 발견된 퀘이사라는 천체는 당시 천문학자들을 흥분의 도가니로 몰고 갔습니다. 퀘이사는 수십억 광년 떨어진 태양계 크기의 천체인데 1,000억 개 이상의 별이 에너지를 방출한다는 점이 신비하게 여겨졌습니다.

퀘이사는 하나의 별이 아닙니다. 퀘이사는 젊은 은하에서 발견되는데, 그 은하들의 중심부에는 태양 질량의 1억 배나 되는 거대한 블랙홀이 있습니다. 이 블랙홀이 빠르게 회전하면서 뿜어내는 강력한 빛이 퀘이사를 만들지요.

과학자들은 성간 물질이 풍부한 2개의 은하가 충돌할 때 퀘이사가 만들어진다고 믿고 있습니다.

은하에서는 아주 강력한 전파를 뿜어내고 있다는 것을 알고 있나요?

정말이요? 저는 은하들이 눈에 보이는 별빛만 뿜어내는 줄 알았어요.

강력한 에너지를 뿜어내는 은하를 활동 은하라 하는데, 눈에 보이지 않는 전파나 엑스선, 감마선 등을 뿜어내며 밝은 빛을 내고 있지요.

그랬었군요.

1951년에는 우주에서 오는 전파를 수신하다가 백조자리의 한 은하에서 전파가 오고 있다는 것을 알아냈어요. 이것이 최초로 발견된 전파 은하예요.

전파 은하도 활동 은하인가요?

백조자리에서 전파가 오네.

백조자리

네. 이 전파 은하는 지구에서 멀리 떨어진 은하임에도 불구하고 안드로메다은하에서 오는 전파보다 천만 배나 더 강력해요.

그 이유가 뭔가요?

안드로메다 은하에서 오는 전파보다 천만 배 강력

전파 은하

지구

이 은하의 중심에서 강력한 전파를 만들기 때문이지요. 그리고 처녀자리 은하단의 중심에는 M87은하가 있어요.

M87은하는 어떤 특징이 있나요?

강력한 전파

전파 은하

M87은하의 중심에서는 6천 광년 정도 길이의 거대한 빛줄기가 뿜어져 나오는데, 이 빛은 태양 천만 개를 합친 밝기 정도예요.

광장하네요.

M87은하

징!

태양의 천만 배 밝기

난 명함도 못 내밀겠네….

9

우주의 구조

은하들은 우주에 어떻게 분포되어 있을까요?
우주의 구조에 대해 알아봅시다.

9

마지막 수업

우주의 구조

허셜이 조금 아쉬운 표정으로
마지막 수업을 시작했다.

우주에는 은하들이 어떻게 분포해 있을까요? 그리고 은하처럼 빛나는 것 말고 어두워서 눈에 보이지 않는 것들은 없을까요? 이렇게 우주 속 은하의 분포를 조사하면 우주의 구조를 알 수 있습니다.

우주의 구조를 찾아낸 최초의 과학자는 '허블의 법칙'으로 유명한 허블입니다. 그는 우주에 있는 은하들의 전체적인 분포를 조사했지요. 그리고 우주의 여러 방향으로 수천 장의 사진을 찍어 약 4만 4,000개의 은하를 살폈습니다.

허블의 관측 결과는 당시 천문학자들의 생각과는 달랐습니다. 당시에는 우주가 어느 방향으로 보나 같은 모습으로 완전히 균일하다고 생각했는데, 허블은 그것이 사실이 아님을 발견한 것입니다. 즉, 어떤 곳에는 은하가 많고 어떤 곳에는 은하가 거의 없다는 것을 발견한 것이지요.

은하단과 초은하단

1938년 윌슨 산 천문대의 츠비키(Fritz Zwicky, 1898~1974)는 여러 개의 은하가 떼를 지어 모여 있음을 알아내고 이것을 은하단이라 불렀습니다. 그 후 은하가 아니라 은하단이 우주의 기본 단위가 되었지요. 은하단을 형성하는 은하들은 그들 사이의 만유인력으로 인해 서로 떨어지지 않습니다.

1950년대 초 프랑스의 드 바쿨러(Gerard de Vaucouleurs, 1918~1995)는 또다시 우주가 큰 규모로 보아도 균일하지 않을 것이라고 주장했습니다. 그는 여러 개의 은하단들이 모여 초은하단을 형성하고 있고, 큰 규모의 우주를 볼 때 초은하단이 우주의 기본 단위가 될 것이라 생각했지요.

그는 특히 우리 은하를 포함하고 있는 국부 은하단으로부터 2억 광년 거리에 있는 모든 은하단들이 하나의 초은하단을 이루고 있다는 것을 발견하고, 그것을 국부 초은하단이라 불렀습니다.

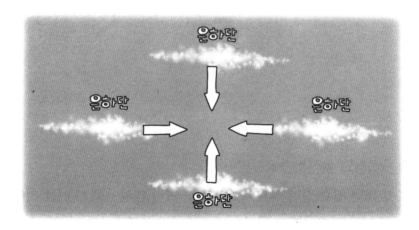

1976년 그레고리와 티프트는 머리털자리 방향에 있는 커다란 코마 은하단이 어떤 초은하단을 형성하는 은하단 중의 하나임을 알아냈습니다. 그들은 이 초은하단과 국부 초은하단 사이에 있는 아주 넓은 지역에 은하가 하나도 없다는 사실을 알아냈습니다. 이렇게 넓은 지역 중에 은하가 하나도 없는 곳을 빈 공간이라 부릅니다.

2년 뒤 애리조나 대학교의 그레고리와 톰슨은 코마 은하단이 포함된 초은하단이 다른 초은하단과 연결되어 그 길이가 1억 광년에 달한다는 것을 알아냈습니다.

1981년 그레고리와 톰슨, 티프트는 페르세우스자리 방향에서 새로운 초은하단을 발견했습니다.

그 뒤 미시간 주립 대학교의 커크너와 예일 대학교의 외물러, 그리고 윌슨 산 천문대의 스케터는 목동자리 방향에서 길이가 2억 5,000만 광년이나 되는 거대한 빈 공간을 발견했습니다.

이로써 우주는 은하들이 밀집해 있는 초은하단과 그것들 사이에 은하를 하나도 갖고 있지 않은 빈 공간들로 이루어져 있다는 사실을 알게 되었지요.

우주의 구조

이제 천문학자들의 관심은 우주에서 초은하단과 빈 공간이 어떻게 분포되어 있는가에 쏠렸습니다. 그것은 우주에 대한 지도를 그리는 프로젝트였지요.

이 문제에 처음 도전한 사람은 하버드 대학교의 데이비스와 후크라였습니다. 그들은 애리조나 주 홉킨스 산 천문대의 지름 1.5m 반사 망원경을 이용하여 30분에 1개꼴로 은하를 찾아, 1978년부터 2년간 지구로부터 3억 광년까지의 3차원 우주 지도를 그렸습니다.

거품

1989년 하버드 대학교의 겔러와 허크라는 6억 5,000만 광년까지의 3차원 우주 지도를 그렸습니다. 그들의 지도에는 새로운 결과가 있었지요. 그들이 그린 우주 지도에는 공 모양의 거대한 빈 공간이 많이 나타나 있었습니다.

이 공 모양의 빈 공간을 거품이라 부르는데, 그중 큰 거품은 지름이 1억 5,000만 광년이나 되는 것도 있습니다. 따라서 우주는 공 모양의 거품들과 거품과 거품 사이의 초은하단으로 구성되어 있고, 은하는 거품의 주변에 달라붙어 있지요.

또한 그들은 길이 5억 광년, 폭 2억 광년, 두께 500광년의 거

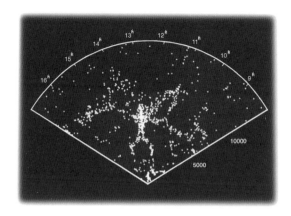

대한 지역에 수만 개의 은하가 밀집되어 있는 구조를 발견했습니다. 그들은 이 지역을 그레이트 월(Great Wall, 거대한 벽)이라 불렀습니다.

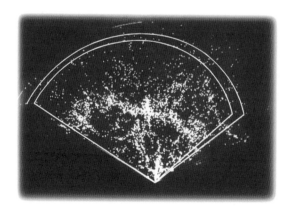

우주의 지도

겔러와 허크라가 조사한 지역은 지구로부터 6억 5,000만 광년까지의 영역이므로 우주의 크기인 150억 광년에 비하면 작은 영역입니다.

1990년 쿠, 크론, 스잘레이, 브로더스트와 엘리스 그룹은 우리 은하의 좁은 영역인 수직 방향으로 위로 25억 광년, 아래로 25억 광년 거리까지 조사했습니다.

그들은 이 관측에서 은하들이 일정한 간격을 두고 떨어져 있다는 것을 발견했습니다. 이 간격은 약 4억에서 8억 광년 정도의 거리였지요. 이것은 우주의 큰 규모로 볼 때 균일하다는 것을 말해 줍니다.

우주는 계속 팽창하고 있습니다. 이 팽창으로 은하와 은하

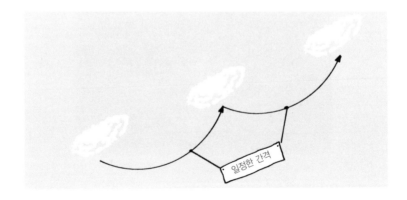

일정한 간격

사이의 거리는 점점 벌어지지요. 그러나 우주에 있는 초은하단과 거대한 빈 공간의 존재는 우주 공간의 어떤 지역이 다른 지역에 비해 물질의 밀도가 매우 높은 이유를 설명해 줄 수 있습니다.

이렇게 다른 지역에 비해 물질의 분포가 매우 높은 지역은 그 지역에 밀집된 질량이 큰 다른 은하들을 만유인력으로 끌어당기려 합니다. 그래서 이 지역을 거대 중력체라고 부릅니다.

따라서 거대 중력체 주변의 은하는 거대 중력체의 강한 중력에 당겨져 속도를 갖습니다. 이 속도는 허블의 우주 팽창에 의한 은하의 속도에 비하면 작은데, 이 속도를 은하의 특이 속도라고 부릅니다.

1970년 카네기 연구소의 루빈과 포드는 은하의 특이 속도를 최초로 관측했습니다. 그들의 계산에 의하면 우리 은하의 특이 속도는 초속 600km이고, 우리 은하는 이 속도로 사자자리 방향을 향해 끌어당겨지고 있다는 것이 관측되었습니다.

왜 우리 은하가 사자자리 방향으로 끌어당겨지고 있을까요? 우리 은하에서 사자자리 방향에 거대한 초은하단인 바다뱀-켄타우루스자리 초은하단이 있습니다.

처음에 사람들은 이 초은하단의 중력에 의해 우리 은하가 특이 속도를 갖는다고 생각했습니다. 그러나 만일 이 초은하단이 우리 은하를 끌어당기는 것이라면 이 초은하단의 중심

에 있는 은하의 특이 속도는 '0'이 되어야 합니다.

그러나 바다뱀–켄타우루스자리 초은하단의 중심에 있는 은하도 같은 방향으로 특이 속도를 갖고 있고, 우리 은하의 특이 속도보다 더 컸습니다.

이것은 우리 은하에 특이 속도를 주는 것이 바다뱀–켄타우루스자리 초은하단이 아님을 의미하지요. 그러므로 이 초은하단을 넘어 큰 질량을 가진 거대 중력체가 있다고 할 수 있습니다.

우리 은하의 특이 속도와 바다뱀–켄타우루스자리 초은하단의 특이 속도를 계산해 보면, 이 거대 중력체의 질량은 국부 초은하단 질량의 20배에 해당하므로 이 거대 중력체는 수만 개의 은하로 구성되어 있음을 알 수 있습니다.

그러나 이 점에 대해 의문이 있었습니다. 우리 은하에서 사자자리 방향과 반대되는 방향에도 아주 큰 페르세우스–물고기자리 초은하단이 있었지만 이 초은하단은 우리 은하를 별로 끌어당기고 있는 것 같지 않았습니다.

그러면 왜 이 큰 페르세우스–물고기자리 초은하단은 우리를 별로 끌어당기지 못하고, 바다뱀–켄타우루스자리 초은하단 너머의 거대 중력체는 우리를 그 방향으로 끌어당기고 있을까요?

이것은 거대 중력체가 보이는 부분뿐 아니라 보이지 않는 큰 질량을 가진 암흑 물질을 포함하고 있음을 의미합니다. 이리하여 우주의 구조에 대한 의문은 암흑 물질의 도입으로 해결할 수 있게 되었습니다.

과학자의 비밀노트

암흑 물질과 중력 렌즈

은하를 이루는 별의 운동과 은하 사이의 상호 작용을 연구해 보면 관측을 통해 측정한 은하의 질량으로는 설명할 수 없는 현상이 나타난다. 다시 말해 어떤 전자기파(전파, 적외선, 가시광선, 자외선, X선 등)로도 관측되지 않지만 중력을 통하여는 그 존재를 인정할 수밖에 없는 물질이 있다는 것이다. 이러한 물질을 암흑 물질이라고 하는데, 암흑 물질은 우주 총 물질의 90% 이상을 차지하고 있는 것으로 알려져 있다.

암흑 물질의 존재는 중력 렌즈 효과를 통해서도 확인된다. 중력 렌즈란 거대한 질량을 가진 천체가 빛을 휘게 하여 마치 렌즈와 같은 구실을 하는 것을 말한다. 중력 렌즈 효과는 희미한 별이나 행성, 또는 블랙홀 같은 우주 공간에서 엄청난 질량을 가진 암흑 물질이 밝게 빛나는 별을 배경에 두고 지나갈 때에도 일어난다.

엄마 찾아 3만 광년

이 글은 에드몬도 데 아미치스 원작의 《엄마 찾아 3만리》를
패러디한 저자의 과학 동화입니다.

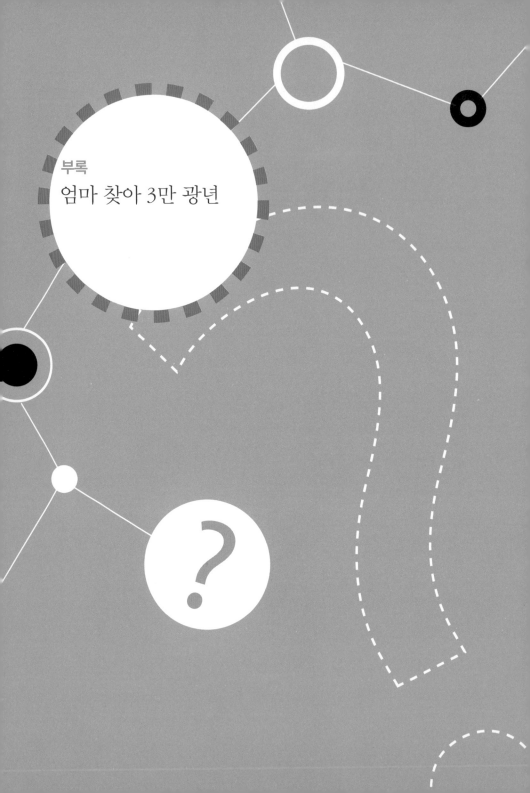

엄마 찾아 3만 광년

"엄마, 나도 같이 갈래요.
엄마! 떠나지 마세요……."

마르코는 엄마에게 꼭 매달려 울면서 말했습니다.

"미안하다, 마르코. 엄마가 돈 많이 벌어서 돌아올 거야. 선물도 많이 사 올게."

어머니는 마르코를 꼭 껴안아 주었습니다. 그리고 마르코에게 눈물을 보이지 않으려고 고개를 돌렸습니다.

마르코는 더 이상 어머니를 붙잡을 수 없다는 것을 알았습니다. 우주 공항은 은하 왕복선을 타려는 사람들과 배웅하러 온 사람들로 붐볐습니다.

"씽!"

어머니가 탄 은하 왕복선이 커다란 소리를 내며 날아올랐습니다.

"엄마, 가지 마세요……."

마르코는 몸부림치면서 마구 울었습니다.

"마르코, 엄마는 곧 돌아오실 거야."

아버지가 마르코를 달래 주었습니다. 마르코의 어머니는 가족들을 두고 홀로 먼 은하 중심으로 떠났습니다. 어머니는 왜 떠나야만 했을까요?

마르코의 가족은 아버지, 어머니, 11살인 마르코, 이렇게 세 식구입니다. 마르코는 지구 공화국의 푸어시티에서 가난하지만 정답게 살고 있었습니다. 푸어시티는 지구 공화국에서 가난한 사람들이 모여 사는 곳이지요.

마르코의 아버지는 푸어시티에서 막노동을 했습니다. 아버지가 벌어오는 돈이 많지 않아 세 식구는 항상 어렵게 살고 있었지요. 혹 누구라도 아프면 당장 병원에 갈 돈도 없고, 그러다 보니 마을 사람들에게 돈을 빌려서 쓰곤 했습니다. 하지만 마르코의 가족은 빚을 갚을 길이 없어 어머니가 은하의 중심으로 가서 돈을 벌어 오겠다고 결심을 한 것입니다.

어머니가 간 곳은 우리 은하 중심에 있는 센트리우 별의 3번째 궤도를 도는 어씨우 행성이었습니다. 어씨우 행성은 지구와 거의 같은 크기였지만 대기가 얇고 밀도가 작아 중력이 약한 행성이었지요. 하지만 대기 중에 산소가 충분히 있어 사람이 살 수 있는 행성이었습니다.

어머니가 떠나고 얼마 후, 마르코의 아버지는 병으로 돌아가셨습니다. 이제 푸어시티에서 마르코는 고아처럼 지내게 된 것이지요.

아버지의 장례식을 치르고 며칠 후, 마르코는 언덕 위에서 은하수를 바라보았습니다.

"저 은하수는 우리 은하의 중심에 있는 별이지. 저 별들 중 하나에 엄마가 계실 거야. 엄마는 아버지가 돌아가신 걸 모

르고 계시니 아무래도 내가 엄마를 찾아가야겠어.”

마르코는 이렇게 다짐했습니다.

다음 날 마르코는 아버지의 친구인 세실리 아저씨를 찾아갔습니다.

“아저씨!”

“왜 그러니, 마르코?”

“엄마를 찾으러 가겠어요.”

아저씨는 깜짝 놀라 마르코의 눈을 바라보았습니다.

“마르코, 엄마가 간 곳은 아주 멀단다.”

“얼마나 멀어요?”

“우리 지구는 태양계에 속해 있어. 그러니까 태양이라는 별 주위를 도는 8개의 행성 중 하나가 지구이지. 그런데 우리 은하에는 수조 개의 별들이 있단다. 그 별들의 대부분은 우리 은하의 중심에 있지.”

“여기는 중심이 아닌가요?”

마르코가 물어보았습니다.

“우리 은하는 반지름이 5만 광년인 거대한 원반 모양이야. 그리고 위에서 보면 소용돌이를 치는 모양이지. 태양계는 은하의 중심에서 3만 광년이나 떨어져 있어.”

"그게 얼마나 먼 거리죠?"

광년에 대해서 잘 모르는 마르코가 물었습니다.

"광년이란 빛의 속력으로 1년 동안 움직인 거리야. 물론 이 세상에서 빛보다 빠른 것은 없지. 그렇게 빠른 빛의 속력으로도 3만 년 동안 여행해야 하는 거리란다."

"3만 년이요?"

마르코는 매우 놀랐습니다.

"3만 년 동안 여행을 한다고요?"

마르코는 이해가 가지 않는다는 듯 다시 물었습니다.

"이 우주를 지배하는 상대성 이론이라는 게 있어. 우리가 빛의 속력에 가까운 아주 빠른 속력으로 여행하면 여행자의 시간은 천천히 흐르고 거리는 아주 짧아지게 되지. 반면에 지구에 있는 사람의 시간은 아주 빠르게 진행되지."

"그럼 저도 빛의 속력으로 움직이는 로켓을 타겠어요."

"하지만 그 로켓은 너무 비싸단다. 그래서……."

세실리 아저씨는 잠시 말을 잇지 못했습니다.

"얼만데요? 얼마가 됐든 저는 엄마를 찾아가겠어요."

마르코는 울먹거렸습니다.

"좋아. 그럼 내가 로켓 탑승료를 대 주겠다. 하지만 어씨우 행성까지만이야."

"고마워요, 아저씨!"

마르코는 엄마를 만날 수 있을 거라는 생각에 너무 기뻤습니다.

드디어 마르코는 꿈에도 그리던 어머니를 찾으러 떠나게 되었습니다.

"마르코, 반드시 엄마를 찾아서 엄마랑 행복하게 살아라."

세실리 아저씨가 손을 흔들며 배웅을 해 주었습니다.

"아저씨, 고마워요."

마르코는 유리창 너머로 보이는 세실리 아저씨에게 손을 흔들었습니다.

마르코가 탄 로켓은 눈 깜짝할 사이에 해왕성을 지났습니다. 로켓에 탄 사람들은 모두 돈을 벌기 위해 푸어시티를 떠나 어씨우 행성으로 가는 중이었습니다. 그들 대부분이 가족들과 헤어져야 했기 때문인지 가방에서 가족 사진을 꺼내 보고 있었습니다.

"꼬마야, 너는 왜 어씨우 행성에 가니?"

마르코의 옆에 앉아 있던 낯선 남자가 물었습니다.

"엄마를 찾으러 가요."

마르코는 엄마가 사는 집의 약도를 손에 꼭 쥐고 말했습니다.

그때 로켓 조종사의 목소리가 들려왔습니다.

"잠시 후 반사 성운을 통과하겠습니다. 성운은 아주 작은 성간 물질들로 이루어져 있습니다. 혹시 로켓에 작은 성간 물질이 부딪쳐 흔들릴 수도 있으니 모두 자리에 앉아 안전띠를 매 주십시오."

모두들 자리로 돌아가 안전띠를 맸습니다. 잠시 후 아름다운 구름이 유리창에 나타났습니다. 그것은 주위의 별빛을 반사시켜 빛을 내는 아름다운 반사 성운이었습니다.

"정말 아름다워. 마치 우주에 핀 꽃 같아."

마르코는 성운의 아름다운 빛에 감탄했습니다.

이렇게 반사 성운을 무사히 빠져나갈 즈음, 갑자기 이상한 소리가 울려 퍼졌습니다.

"삑삑!"

로켓 안에 비상등이 켜지고 조종사가 다급하게 말했습니다.

"암흑 성운을 미처 발견하지 못했습니다. 조심하세요. 충돌 위험이 있습니다."

마르코는 마음속으로 걱정이 되었습니다. 암흑 성운은 뒤에서 오는 별빛을 모두 흡수하기 때문에 앞에서 보면 어둡기만 하고 잘 보이지 않습니다. 그러므로 항해하던 배의 선장이 어둠 속에서 갑자기 나타난 암초를 보고 놀라는 것처럼 우주 여행을 하는 조종사에게는 가장 위험하게 생각되는 성운이지요.

로켓에 약간의 진동이 오긴 했지만 로켓은 무사히 암흑 성운을 빠져나갈 수 있었습니다.

"와우! 살았다."

모두들 환호성을 질렀습니다.

우주는 언제 성운이 있었냐는 듯 아무것도 보이지 않는 칠흑 같은 어둠뿐이었습니다. 마르코는 지칠대로 지쳐 잠이 들었습니다.

그때 꿈속에서 낯선 남자가 나타나 말했습니다.

"마르코, 너의 엄마는 죽었어."

"아니야, 절대로 죽지 않았어요!"

마르코는 번쩍 눈을 뜨며 소리쳤습니다.

"얘야, 나쁜 꿈을 꾸었구나!"

나이가 많아 보이는 할아버지가 마르코의 식은땀을 닦아 주며 말했습니다. 그 후로 마르코는 언제나 할아버지 곁에 있었습니다. 이제 마르코는 나쁜 꿈도 더 이상 꾸지 않았습니다.

그러던 어느 날, 드디어 로켓이 어씨우 행성에 착륙했습니다. 그토록 기다리던 어씨우 행성에 도착한 것입니다.

어씨우 행성은 지구처럼 24시간에 1바퀴 자전하기 때문에 낮과 밤의 길이가 지구와 비슷했습니다. 하지만 중력이 지구

의 절반 정도로 작기 때문에 마르코는 몸이 붕 뜨는 느낌을
받았습니다.

또한 어씨우 행성은 은하의 중심에 있어 낮에 4개의 별이
떠올랐습니다. 4개의 별은 모두 붉은색으로 빛나는 오래된
적색 거성이었습니다. 우리 은하의 중심에는 늙은 별이 많
고, 은하의 변두리에는 태양 같은 젊은 별들이 많기 때문이
지요.

마르코는 공항을 나와 약도를 펼쳐 보았습니다. 하지만 어
씨우 행성에 처음 오는 마르코는 어디가 어딘지 알 수가 없었
습니다.

"어딜 가려는 거니?"

할아버지의 목소리였습니다.

"부에노 시로 가야 하는데……."

마르코는 말을 더듬거렸습니다.

할아버지는 찬찬히 약도를 들여다보더니 말했습니다.

"워터우 강을 건너면 되겠구나."

"그 강이 어디 있죠?"

마르코는 주위를 두리번거렸습니다. 하지만 조그만 산들이
보일 뿐 강은 보이지 않았습니다.

"저 산을 넘으면 조그만 강이 나타날 거야. 그 강을 건너면

부에노 시가 나온단다. 부에노 시는 아주 작으니까 엄마를
쉽게 찾을 수 있을 거야."

할아버지는 자상하게 가르쳐 주었습니다.

"마르코, 행운을 빈다."

"할아버지도 안녕히 가세요."

마르코는 할아버지와 헤어졌습니다. 그리고는 할아버지가
가르쳐 준 대로 산으로 올라갔습니다. 다행히 중력이 작아서
산을 오르는 데 크게 어렵지는 않았습니다. 산에서 내려오니
할아버지 말대로 조그만 강이 보였습니다.

"저 강을 건너면 엄마를 만날 수 있어."

마르코는 기쁜 마음에 산을 뛰어 내려가 조그만 다리를 건

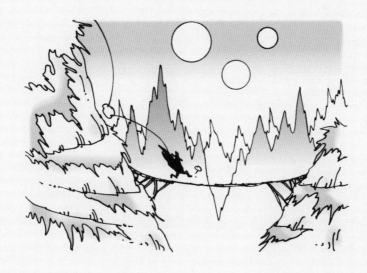

너갔습니다.

"117번지, 117번지."

마르코는 속으로 중얼거렸습니다.

엄마가 사는 곳이 부에노 시 117번지였기 때문이지요.

조그만 부에노 시는 모든 집들이 2층으로 되어 있고 집집
마다 크게 번지수가 표시되어 있어 엄마의 집을 찾는 것은 어
렵지 않았습니다.

"113번지, 114번지, 115번지, 116번지, 117번지."

드디어 마르코는 117번지의 집을 찾았습니다. 그 집은 2층
에만 대문이 있는 이상한 집이었습니다.

"이상하다? 왜 1층에는 문이 없는 거지?"

마르코는 속으로 궁금했습니다.

"보세요, 누구 없어요?"

마르코는 2층 문을 향해 소리쳤습니다.

"너는 누구니?"

2층 문이 열리면서 낯선 아줌마가 말했습니다.

"엄마를 찾으러 왔어요."

"잠깐 들어오렴."

"계단은 어디 있죠?"

마르코는 계단을 찾아보았습니다.

"호호호, 이곳에 처음 와 보는구나. 이곳은 지구 중력의 절반밖에 안 될 만큼 중력이 작으니까 깡충 뛰면 2층까지 올라올 수 있을 거야."

아줌마는 웃으며 말했습니다.

마르코는 아줌마가 시키는 대로 위로 껑충 뛰어올랐습니다. 그러자 놀랍게도 2층 대문까지 날아올랐습니다.

마르코는 아줌마를 따라 안으로 들어갔습니다.

"네 엄마의 이름이 뭐지?"

"마리아예요."

"아, 마리아 부인이군! 맞아, 11살짜리 아들이 있다고 했어."

"우리 엄마를 아시는군요. 엄마는 어디 계시죠?"

"엄마는 여기 없어……."

"그럼……."

마르코는 눈앞이 캄캄해졌습니다. 엄마를 찾아 3만 광년이나 되는 거리를 찾아왔는데, 엄마가 어씨우 행성에 없다니……. 마르코는 그 자리에 털썩 주저앉아 울었습니다.

"울지 마! 엄마가 있는 곳을 알고 있어."

"정말요?"

마르코는 울음을 멈추고 아줌마를 바라보았습니다.

"네 엄마는 MX성단에 있는 로스 별의 행성 타우에 있어."

"그게 어디 있지요?"

"MX성단은 구상 성단이야. 우리 행성은 은하의 원반에 있지만 구상 성단들은 우리 은하의 위쪽에 있단다. 그곳은 은하의 중심보다 늙은 별들이 더 많아. 로스 별도 아주 늙은 별 중의 하나지. 타우는 로스 별의 유일한 행성이야. 거리가 1만 광년 정도니까 로켓 요금이 그리 비싸지는 않을 거야."

아줌마는 마르코에게 엄마가 있는 곳의 주소를 건네주었습니다.

"하지만 저는 돈이 없어요."

마르코는 주머니를 뒤적이며 말했습니다.

"그건 걱정하지 마라. 내가 너희 엄마에게서 빌린 돈이 있거든. 이 돈을 가지렴. 이 돈이면 타우 행성까지 갈 수 있을 거야."

"고마워요, 아줌마."

"고맙긴, 빌린 돈을 갚았을 뿐인데……. 마르코, 엄마를 꼭 찾으려무나."

마르코는 아줌마와 헤어지고 곧바로 우주 공항으로 갔습니다. 다행히 타우 행성으로 가는 표를 구할 수 있었습니다.

타우 행성으로 가는 로켓 안에서는 계속 노랫소리가 들렸습니다. 그것은 어씨우 행성의 밴드가 타우 행성에서의 공연 때문에 기타를 치며 노래 연습을 하고 있었기 때문이지요. 그 밴드는 고맙게도 마르코를 위해 밤마다 자장가를 연주해 주기도 했습니다.

며칠 후, 동그란 공 모양의 구상 성단인 MX성단이 나타났습니다.

"저곳인가 봐."

마르코는 소리쳤습니다.

잠시 후 로켓은 로스 별 주위를 한 바퀴 돌더니 타우 행성에 착륙했습니다.

"잘 가라, 마르코! 엄마를 꼭 찾아라."

밴드 아저씨들이 손을 흔들며 말했습니다.

"안녕히 가세요."

마르코도 손을 흔들어 주었습니다.

마르코가 도착한 곳은 엄마가 있는 로사 시에서 가까운 제노 시였습니다.

"왜 이렇게 덥지?"

마르코는 겉옷을 벗었습니다.

타우 행성은 대기에 이산화탄소가 많아서 온실 효과가 크게 일어나 지구에 비해 무척 더운 행성이었습니다.

마르코는 지나가는 사람들에게 물어 로사 시를 찾아갔습니다.

"로사 시 123번지!"

마르코는 어머니가 사는 곳의 번지수를 외치며 로사 시 이리저리를 헤맸습니다.

"저기다!"

123이라는 숫자를 발견한 마르코가 신이 나서 소리쳤습니다. 마르코는 씩씩하게 문 앞의 초인종을 눌렀습니다.

그러자 심술궂은 인상의 뚱뚱한 남자가 나타났습니다.

"무슨 일이야?"

마르코는 화들짝 놀랐습니다.

"마리아 씨를 찾는데요?"

마르코가 말했습니다.

"주인은 없다. 모두 어씨우 행성으로 여행을 갔어."

마르코는 눈앞이 캄캄해졌습니다.

"저는 어씨우 행성에서 오는 길이에요. 이곳에 아는 사람이 없어요. 엄마를 꼭 찾아야 해요."

"내가 알게 뭐냐? 주인이 돌아오면 전하겠다."

"저는 그때까지 기다릴 수 없어요."

마르코는 울먹거렸습니다.

"에이, 안 그래도 로사 시에는 어씨우에서 온 거지들이 많

은데⋯⋯. 구걸하려면 너희 행성에나 가서 해!"

그 사람은 문을 쾅 닫고 들어갔습니다.

마르코는 그 집 앞에서 엄마를 기다리기로 했습니다. 하지만 그간 너무 오래 굶은 탓인지 어지럼증이 생겼습니다.

"아, 너무 어지러워."

마르코는 정신을 잃고 쓰러졌습니다.

다음 날 눈을 떠 보니 마르코는 깔끔한 침대 위에 누워 있었습니다.

"여기가 어디지?"

마르코는 주위를 둘러보았습니다.

"이제 깨어났나 봐."

사람들의 목소리가 들려왔습니다.

지나가던 할머니가 마르코를 발견하고 집으로 데려온 것이었습니다. 할머니는 할아버지와 단둘이 살고 있었는데 마르코가 손자 같은 생각이 들었던 것입니다.

"꼬마야, 왜 쓰러져 있었니?"

할머니가 물었습니다.

"엄마를 찾고 있어요. 분명히 이 행성에 왔다고 했어요."

"이름이?"

"마리아예요."

"아하! 마리아 부인이구나."

"우리 엄마를 아세요?"

마르코는 정신이 번쩍 들었습니다.

"마리아 부인은 사기를 당했어. 그래서 살고 있던 집도 빼앗기고 코르도바 행성으로 갔단다."

"그곳은 어디죠?"

"코르도바 행성은 우리 은하에 없단다."

"그럼 어디에 있죠?"

"우리 은하에서 16만 광년 정도 떨어진 대마젤란은하에 있어. 대마젤란은하는 별들이 막대 모양으로 길게 늘어서 있는데, 가장 끄트머리에 있는 ST3라는 별의 코르도바 행성이야."

"그곳으로 찾아가겠어요."

"하지만 그곳은 외부 은하이기 때문에 로켓 탑승료가 매우 비싸단다."

할머니는 힘없는 표정으로 말했습니다.

"로켓 탑승료를 벌어야 해요. 할아버지, 할머니! 제발 제게 일을 주세요."

마르코는 울면서 사정했습니다.

"그럼 한번 알아보자꾸나."

마르코는 할아버지의 말에 힘이 솟았습니다.

할아버지가 마르코를 데려간 곳은 '지구의 별'이라는 술집이었습니다.

"사람들이 많군!"

할아버지는 마르코의 손을 잡고 넓은 홀로 걸어갔습니다. 손님들은 할아버지를 모두 환영했습니다. 할아버지는 여러 사람들에게 마르코의 딱한 사정을 들려주었습니다.

"어떻습니까, 여러분! 지구에서 엄마를 찾으러 이 머나먼 행성까지 온 용감한 소년을 위해 코르도바 행성까지의 로켓 탑승료를 모아 줍시다."

"좋습니다. 우리 모두 지구에서 온 사람들이니까요."

"마르코, 용기를 내라!"

모두들 마르코를 격려했습니다. 어떤 사람은 마르코를 번쩍 안아 주기까지 했습니다.

할아버지는 모자를 벗어 들었습니다. 모두들 모자에 돈을 넣기 시작했습니다. 순식간에 로켓 탑승료가 모였습니다.

"어떠니, 마르코?"

할아버지는 빙그레 웃으며 모인 돈을 마르코에게 건네주었습니다.

"모두들 고맙습니다."

마르코는 목이 메어 말을 할 수 없었습니다.

다음 날 아침 일찍 마르코는 코르도바 행성으로 가는 로켓을 탔습니다.

"이번에는 꼭 엄마를 만날 수 있을 거야."

마르코의 마음은 엄마를 만난다는 생각에 들떠 있었습니다.

구상 성단인 MX성단을 떠난 로켓은 다시 우리 은하의 중심으로 향했습니다. 우리 은하를 관통하여 아래쪽으로 가야 대마젤란 은하로 갈 수 있기 때문이지요.

"삑삑!"

갑자기 비상벨 소리가 들렸습니다. 모두들 불안에 떨었습니다.

잠시 후 조종사의 목소리가 들렸습니다.

"죄송합니다. 우리 은하의 중심으로 가던 중 연료통이 타 버

려 우리 은하를 빠져나갈 수 없게 되었습니다. 이제 다시 회항하여 MX성단으로 돌아가겠습니다. 승객 여러분께 사과 말씀 드립니다."

"안 돼요! 대마젤란은하로 가야 해요. 엄마를 찾아야 해요."

마르코는 주위의 아저씨들을 붙잡고 울면서 소리쳤습니다.

"얘야, 연료가 없다고 하는구나."

그때 조용히 마르코를 바라보는 신사 분이 있었습니다. 그가 마르코에게 다가와 말했습니다.

"뭔가 방법이 있을 거야."

신사는 마르코에게 용기를 주고는 조종사에게로 갔습니다.

잠시 후 조종사는 다시 대마젤란은하로 갈 수 있다고 말했습니다.

"야호!"

마르코는 신이 나서 소리쳤습니다.

"이제 엄마를 찾을 수 있겠구나."

좀 전에 만난 신사 분이 말했습니다.

"연료가 없는데 어떻게 우리 은하를 벗어날 수 있는 거죠?"

"공짜로 연료를 얻으면 되지."

신사는 미소를 지으며 말했습니다. 그 신사는 코르도바 대

학의 유명한 물리학과 교수였습니다. 신사의 얘기가 이어졌
습니다.

"모든 은하의 중심에는 물질을 끌어당기는 거대한 블랙홀
이 있단다. 우리 은하의 중심에도 있지. 그러니까 블랙홀에
빨려 들어가지 않으면서 최대한 접근해서 돌면 블랙홀의 강
한 중력 때문에 로켓은 아주 빠르게 가속될 수 있거든. 그 힘
으로 우리 은하를 벗어나면 되는 거야."

신사는 친절하게 설명해 주었습니다.

신사의 도움으로 로켓은 무사히 우리 은하를 벗어났습니
다. 그러고는 대마젤란은하로 향했습니다.

"저기 대마젤란은하가 보여요."

마르코가 소리쳤습니다.

"저건 대마젤란은하가 아니라 소마젤란은하란다. 두 은하는 우리 은하 주위를 빙글빙글 도는 우리 은하의 위성 은하지. 소마젤란은하는 10억 개 정도의 별로 이루어져 있는 작은 은하야. 하지만 우리가 가려는 대마젤란은하는 별이 200억 개 정도로 이루어져 있으니까 소마젤란은하보다는 훨씬 크단다."

신사는 무척 친절한 사람이었습니다.

로켓은 소마젤란은하를 빙글 돌면서 은하의 중력으로부터 가속되더니 대마젤란은하로 향했습니다.

마르코가 탄 로켓은 드디어 대마젤란은하의 코르도바 행성에 도착했습니다.

마르코는 엄마가 있는 메트로 시의 34번지로 찾아갔습니다.

"똑똑!"

마르코는 문을 두드렸습니다.

"누구니?"

할머니가 문을 열어 주었습니다.

"마리아 씨를 찾으러 왔어요."

"마리아 부인의 아들인가 보구나. 그런데 어쩌지 마리아 부인은 얼마 전에 투쿠 만으로 이사했는데……."

마르코는 쇠망치로 머리를 얻어맞은 것 같았습니다. 아무 생각도 떠오르지 않았습니다.

그러나 마르코는 용기를 내어 할머니에게 물었습니다.

"투쿠 만은 어디에 있지요?"

"메트로 시를 빠져나가서 북쪽으로 1,000km쯤 가면 된단다."

그 말에 마르코는 흐느껴 울면서 그동안 엄마를 찾기 위해 고생했던 얘기를 할머니에게 들려주었습니다.

"에구, 불쌍하기도 하지. 내게 좋은 생각이 있어. 45번지에 운수 회사가 있어. 내일 아침에 투쿠 만으로 가는 화물이 있으니까 태워 달라고 부탁해 보거라."

할머니도 눈물을 흘리며 말했습니다.

할머니와 헤어진 마르코는 밤거리를 달려 45번지의 운수 회사로 찾아갔습니다. 짐꾼들이 마차에 곡식을 쌓아 올리고 있었습니다.

구레나룻이 난 얼굴에 키가 큰 사람이 사람들을 부리고 있었습니다.

"저 사람이 감독인가 봐."

마르코는 그 사람에게 다가가 투쿠 만까지 갈 수 있게 도와 달라고 했습니다.

"사정은 딱한데 힘들겠구나."

감독은 손을 저으며 말했습니다.

"어떤 일이든지 맡겨만 주세요. 열심히 할게요."

"우리는 투쿠 만까지 가는 게 아니라 에스테로까지 간다. 에스테로에서 투쿠 만까지는 꽤 먼 거리인데, 너 혼자 갈 수 있겠니?"

"에스테로까지만이라도 태워 주세요."

마르코는 울면서 부탁했습니다.

"좋아. 그럼 태워 주지."

"고마워요, 감독 아저씨."

마르코는 감독의 도움으로 일꾼들과 함께 숙소에서 하룻밤을 지냈습니다.

다음 날 긴 마차 행렬이 움직이기 시작했습니다. 마르코는 그중 하나의 마차에 짐과 함께 탔습니다.

"이번에는 반드시 엄마를 만날 수 있을 거야."

마차 위에서 이런저런 생각을 하던 마르코는 어느새 잠이 들었습니다.

"꼬마야, 일어나!"

감독의 소리에 마르코는 눈을 떴습니다. 그곳은 삭막한 황야의 한복판이었습니다.

"우리는 에스테로로 가야 한다. 저 길로 가면 네가 가려는 투쿠 만이 나타날 거다."

감독은 황야 쪽을 가리키며 말했습니다.

마르코는 이제 혼자 남았습니다.

"얼마나 가야 할까?"

마르코는 혼잣말을 중얼거리며 황야 쪽으로 걸어갔습니다. 찌는 듯한 더위 때문에 마르코는 땀을 뻘뻘 흘렸습니다.

"투쿠 만으로! 투쿠 만으로!"

마르코는 어머니를 만날 생각으로 쉬지 않고 걸었습니다.

그러나 들판을 가도 가도 끝이 없었습니다.

며칠 동안 마르코는 투쿠 만을 향했습니다. 발이 부르터 물집이 생겼고, 그 물집이 터져 걸음을 옮길 때마다 발이 아파

왔습니다.

　마르코는 기운을 차리려 애썼지만 다리가 제대로 움직이지 않아 그 자리에서 쓰러지고 말았습니다.

　"엄마……, 엄마……."

　마르코는 엄마를 부르면서 정신을 잃었습니다.

　한편, 마르코가 그토록 찾아 헤매던 엄마는 몹시 심한 병에 걸려 투쿠 만의 조그만 병원에 입원해 있었습니다. 빚을 갚기 위해 몸을 돌보지 않고 일을 했기 때문이지요.

　"마르코! 마르코!"

　마르코의 엄마는 마르코의 얼굴을 떠올렸습니다.

"가엾게도 집안을 일으키려고 이 먼 곳까지 와서 고생을 했는데……."

의사는 마르코의 엄마를 측은한 눈빛으로 바라보며 말했습니다.

"엄마! 돌아가시면 안 돼요!"

마르코는 꿈속에서 엄마를 만나고는 정신을 차렸습니다. 그리고 다시 용기를 내어 길을 걸어 마침내 투쿠 만에 도착했습니다.

마르코가 엄마를 찾아 헤맬 때, 어머니는 상태가 더욱 안 좋아져 신음하고 있었습니다.

"마르코! 한 번만이라도 보고 싶구나."

엄마는 힘겨운 표정으로 마르코의 이름을 불렀습니다. 의사와 간호사는 그 모습을 애처롭게 지켜보고 있었습니다.

엄마가 머물고 있다는 곳을 찾은 마르코는 동네 사람들로부터 엄마가 병원에 입원해 있다는 소식을 전해 들었습니다.

마르코는 정신없이 병원으로 달려갔습니다. 하지만 그때는 이미 엄마의 심장이 멈춰 가고 있어 의사들도 치료를 거의 포기한 상태였습니다.

"마르코!"

엄마는 마지막 목소리를 힘겹게 내며 아들의 이름을 부르고 있었습니다.

그때 문이 열리면서 마르코가 들어왔습니다.

"엄마!"

마르코는 엄마에게 달려갔습니다.

"마르코! 마르코가 맞구나!"

마르코를 보자 엄마는 정신을 차리기 시작했습니다.

"심장이 움직이고 있어! 이건 기적이야!"

의사가 소리쳤습니다. 용감한 소년 마르코가 엄마의 생명을 구한 것입니다.

마르코와 엄마는 한참 동안 부둥켜안고 울었습니다. 그 모습을 지켜보던 의사와 간호사들도 함께 울었습니다.

그 후 용감한 소년 마르코의 자랑스러운 행동은 우리 은하 전체에서 매우 유명한 이야기가 되었습니다.

천왕성을 발견한 허셜

Fredrick William Herschel, 1738~1822

영국의 천문학자 허셜은 독일 하노버에서 음악가의 아들로 태어났으나, 7년전쟁에 종군하였다가 탈주하여 영국으로 건너갔습니다.

처음에는 런던의 작은 교회에서 오르간 연주자로 있었으나, 천문학에 관심이 많아서 천문서적을 탐독하여 천문학 실력을 쌓은 후 여동생인 캐롤라인을 조수로 하여 천문학 연구를 함께 시작하게 됩니다.

허셜은 1771년부터 자신이 만든 망원경으로 천체 관측을 시작하였습니다. 허셜은 대형 망원경을 만든 것으로도 유명합니다. 1774년에는 초점 거리가 168cm에 이르는 반사 망원경을 만들었고, 그 다음 해에는 초점 거리 213cm, 1789년에는 초점거리 1,219cm의 거대한 망원경을 완성하였습니다. 이 망원경들은 뉴턴식 망원경을 개량한 것으로 허셜식 망원경으로 불렸습니다.

1781년 허셜은 자신이 만든 망원경으로 천체를 관측하던 중 토성 바깥에 있는 행성을 발견하였습니다. 그 행성은 바로 지금의 천왕성이었습니다. 이 공로로 1782년부터 왕립학회 회원으로 활동하였으며 천왕성 발견 외에도 2,500개의 성운과 성단을 발견하였고, 800개의 쌍성을 발견하였습니다.

1783년부터 별의 분포를 조사한 허셜은 《천계의 구조에 대하여》라는 책을 출판하였습니다. 여기서 허셜은 처음으로 은하계의 구조를 세웠습니다. 허셜이 세운 이 은하계의 구조는 잘못된 것이었지만 20세기까지 옳은 것으로 믿어졌습니다.

천문학에서 많은 공을 세운 허셜은 그 업적을 인정받아 영국 왕립학회의 가장 높은 명예인 코플리 메달을 수상하였습니다.

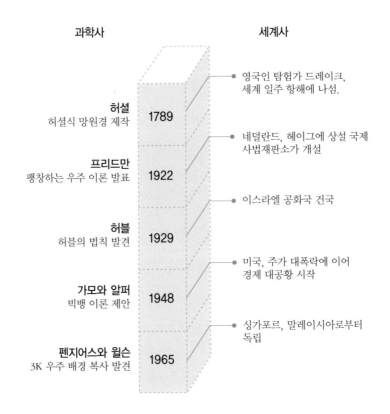

과 학 연 대 표
언제, 무슨 일이?

과학사   **세계사**

영국인 탐험가 드레이크,
세계 일주 항해에 나섬.

허셜
허셜식 망원경 제작   **1789**

네덜란드, 헤이그에 상설 국제
사법재판소가 개설

프리드만
팽창하는 우주 이론 발표   **1922**

이스라엘 공화국 건국

허블
허블의 법칙 발견   **1929**

미국, 주가 대폭락에 이어
경제 대공황 시작

가모와 알퍼
빅뱅 이론 제안   **1948**

싱가포르, 말레이시아로부터
독립

펜지어스와 윌슨
3K 우주 배경 복사 발견   **1965**

1. 수많은 별들이 모여 있어 마치 별들의 섬처럼 보이는 곳을 □□ 라고 합니다.

2. 최초의 반사 망원경은 1668년 □□ 이 만들었습니다.

3. 어두운 밤하늘을 가로질러 한쪽 지평선에서 반대편 지평선으로 이어지는 희미한 흰색의 띠를 □□□ 라고 부릅니다.

4. 우리 은하의 중심에 있는 □□□ 은 질량이 태양의 100만 배 정도입니다.

5. 나선 은하 중에서 특히 가운데 별들이 긴 막대 모양으로 늘어서 있는 것을 □□ 나선 은하라고 부릅니다.

6. 우주의 은하는 균일하게 퍼져 있지 않고 무리를 지어 집단을 이루는데, 이것을 □□□ 이라고 부릅니다.

7. □□□ 는 수십억 광년 떨어진 태양계 크기의 천체인데 1천억 개 이상의 별이 에너지를 방출합니다.

8. 우주 속에 물질이 없는 공 모양의 빈 공간을 □□ 이라 부릅니다.

1. 은하 2. 뉴턴 3. 은하수 4. 블랙홀 5. 막대형 6. 은하단 7. 퀘이사 8. 기포

은하 진화의 단계를 밝힐
붉은 나선 은하 발견

　2008년 11월 25일, 미국과 영국의 천문학자들은 나선 은하와 타원 은하 사이의 관계를 밝히는 데 큰 기여를 하게 될 새로운 은하를 발견했습니다. 나선 은하와 타원 은하의 중간 단계로, 잘 알 수 없으나 항성 생성이 멈춘 은하였습니다. 이 은하는 붉은 나선 은하라고 명명되고, 이 발견은 세계에서 가장 유명한 과학 잡지인 〈사이언스〉에 소개되었습니다.

　은하는 보통 나선 은하, 타원 은하, 불규칙 은하로 분류됩니다. 나선 은하는 현재 왕성하게 활동 중인 젊은 별들이 모여 있는 나선 팔을 가지고 있으며 푸른색을 띱니다. 반면, 타원 은하는 오래된 별들이 많이 모여 있어 붉은색을 띠지요. 또 불규칙 은하는 별들이 뚜렷이 보이지 않고 성간 먼지의 뚜렷한 흡수선이 보입니다.

　별은 젊을 때는 온도가 높아 파장이 짧은 푸른빛을 방사하

다가 나이가 들수록 온도가 낮아져 파장이 긴 붉은빛을 내
지요.

그런데 최근 발견된 붉은 나선 은하는 나선 팔을 가지고 있
으면서도 타원 은하처럼 붉은색을 띱니다. 보통 푸른 나선
은하에서 별들이 나이를 먹으면 나선 팔이 없어지면서 붉은
타원 은하가 되는데, 이번 관측을 통해 푸른 나선 은하가 나
선 팔을 유지하면서 붉은 별들로 바뀔 수 있다는 것이 처음
알려지게 된 것입니다.

천문학자들은 붉은 나선 은하가 다른 은하들 주위에서 발
견된 것으로 보아 주위 은하들 때문에 이런 기형적인 나선 은
하가 만들어졌을지도 모른다고 생각하고 있습니다.

또한 크기가 작은 은하는 나이가 들면 나선 팔을 유지할 수
없다는 사실로부터 붉은 나선 은하는 크기가 매우 큰 은하일
것이라고 천문학자들은 예측하고 있습니다.

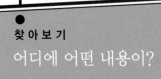